小学生宇宙与航天知识自主读本 6-10岁适读

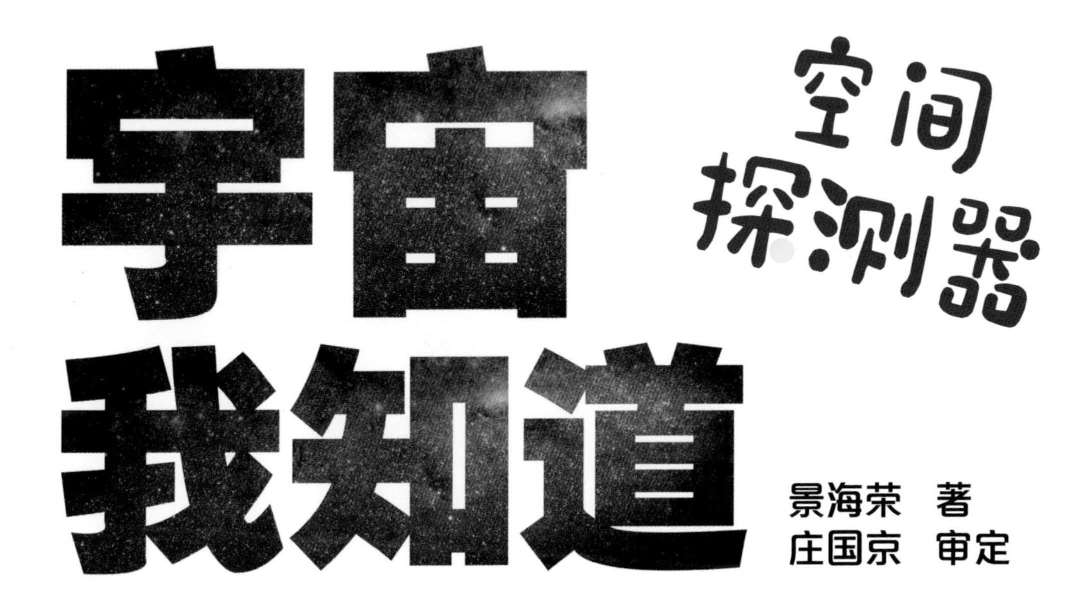

宇宙我知道

空间探测器

景海荣 著
庄国京 审定

中国宇航出版社
·北京·

目录

（图源：NASA）

什么是空间探测器？

空间探测器是人类的侦察兵和探路者。它们个头不大，却理想宏远，地球和月球只是它们最近的目标；它们不能搭载航天员，但始终与地面工程师保持联系，接收指令，传回数据；它们身披最坚固的铠甲，肚子里藏着最精密灵敏的仪器；它们不能发光，却能帮人类看清遥远的星光；它们能成为某颗行星的人造卫星，也能成为多颗天体的访客；它们可能一去不返，也可能风尘仆仆地带着样品

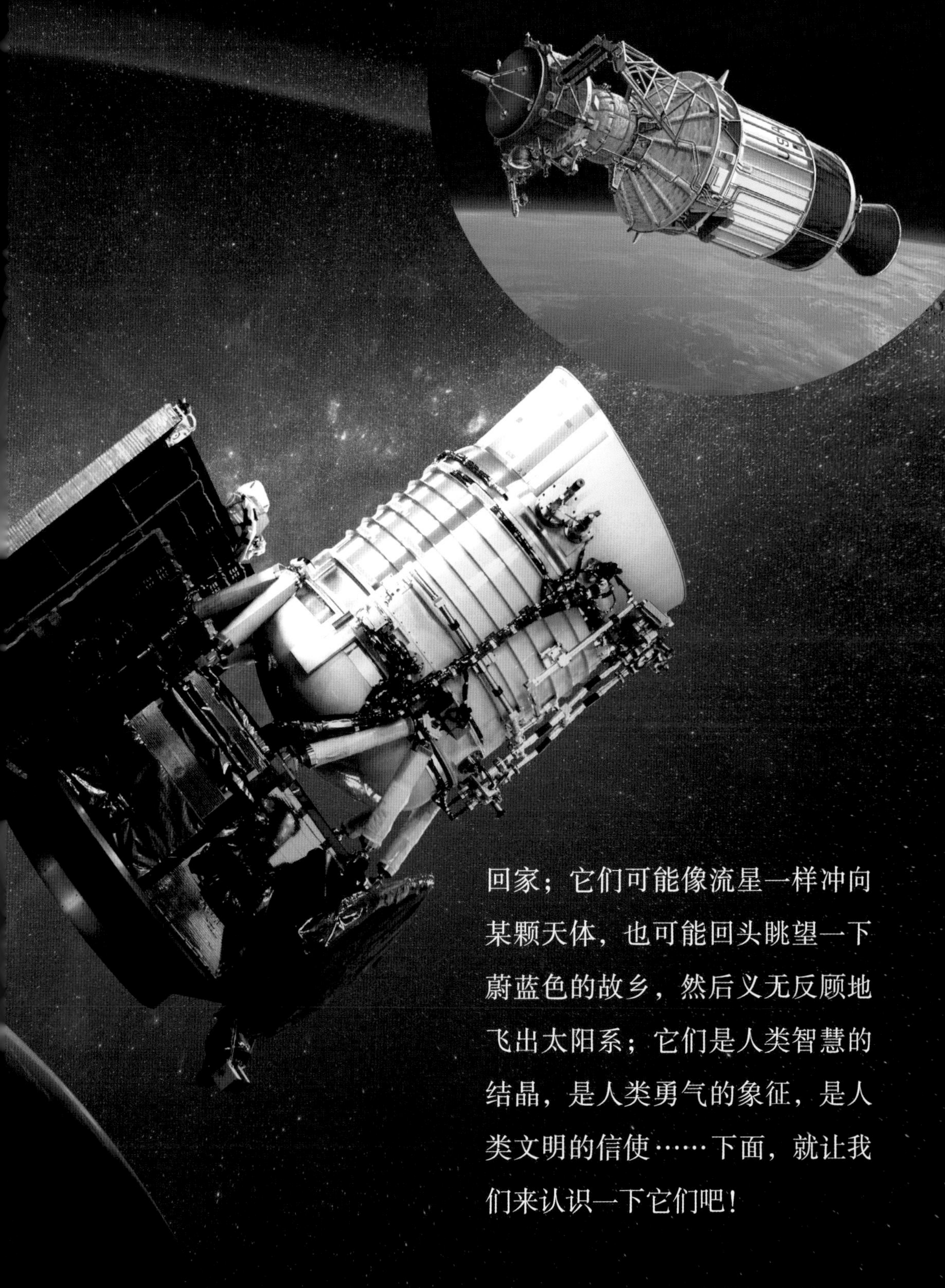

回家；它们可能像流星一样冲向某颗天体，也可能回头眺望一下蔚蓝色的故乡，然后义无反顾地飞出太阳系；它们是人类智慧的结晶，是人类勇气的象征，是人类文明的信使……下面，就让我们来认识一下它们吧！

（图源：NASA）

叩开太空之门

人类最早发射到宇宙中的探测器是人造地球卫星。1957 年，人类的第一颗人造地球卫星——苏联的斯普特尼克 1 号飞进了太空。1958 年，美国的第一颗人造地球卫星——探险者 1 号也出发了。1970 年，中国的第一颗人造地球卫星——东方红 1 号开始了它的太空长征。

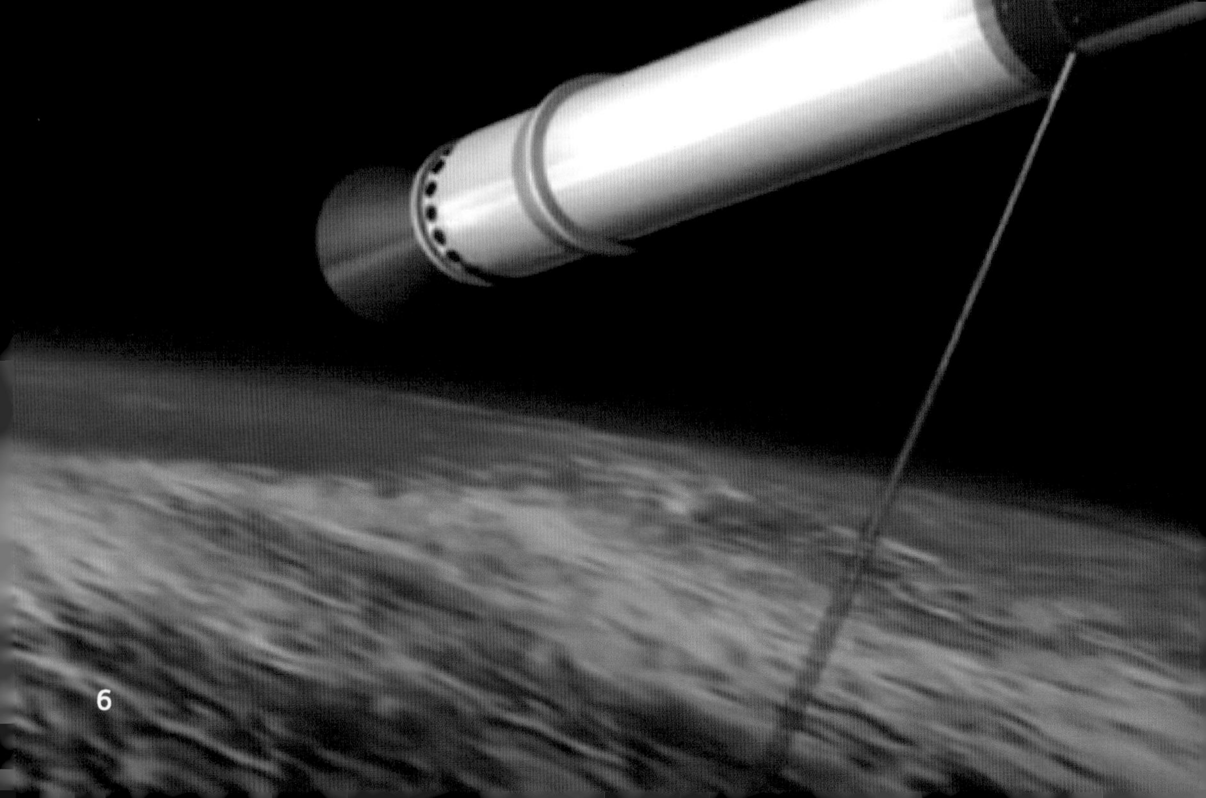

探险者 1 号（图源：NASA）

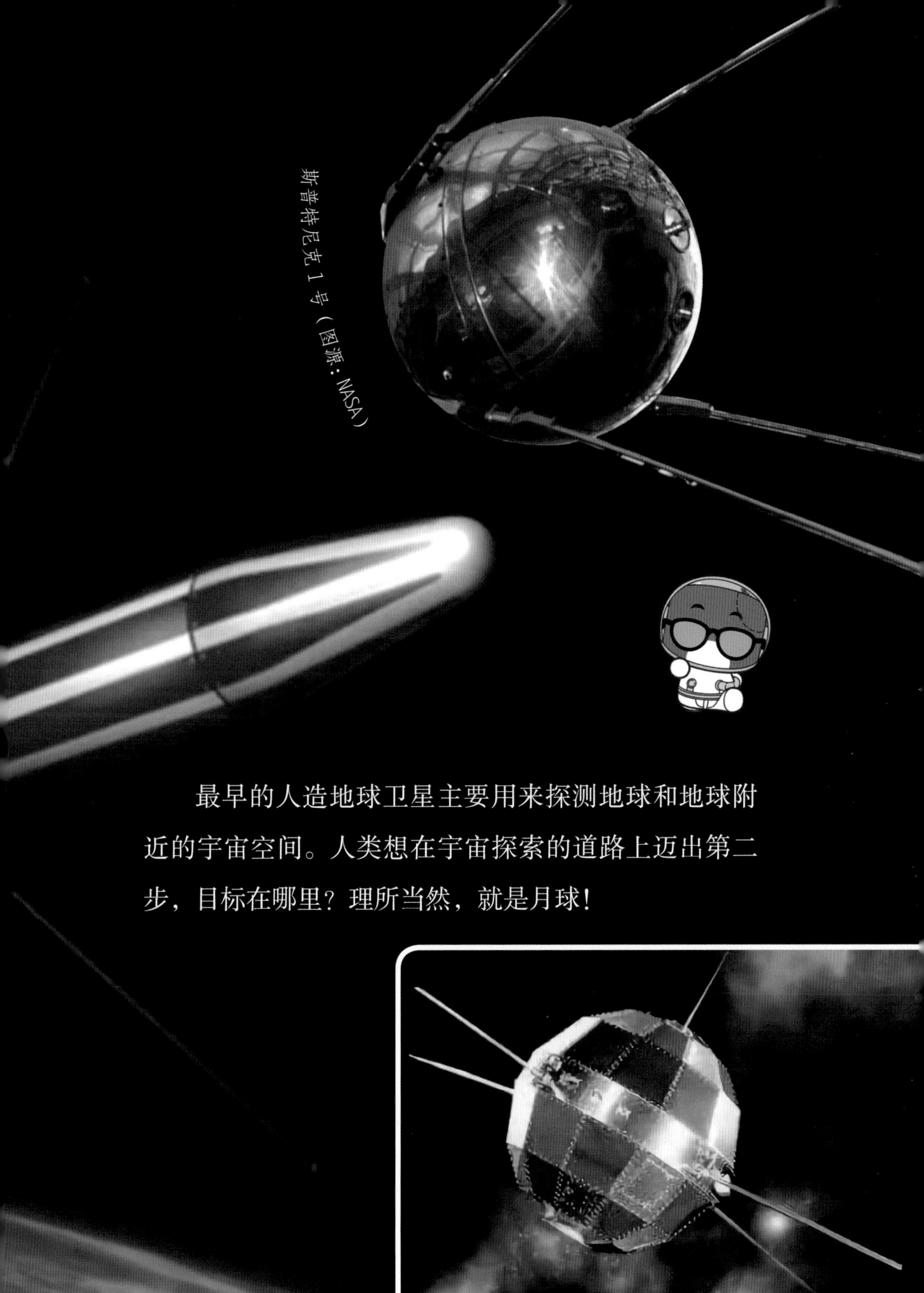

斯普特尼克1号（图源：NASA）

最早的人造地球卫星主要用来探测地球和地球附近的宇宙空间。人类想在宇宙探索的道路上迈出第二步，目标在哪里？理所当然，就是月球！

东方红一号

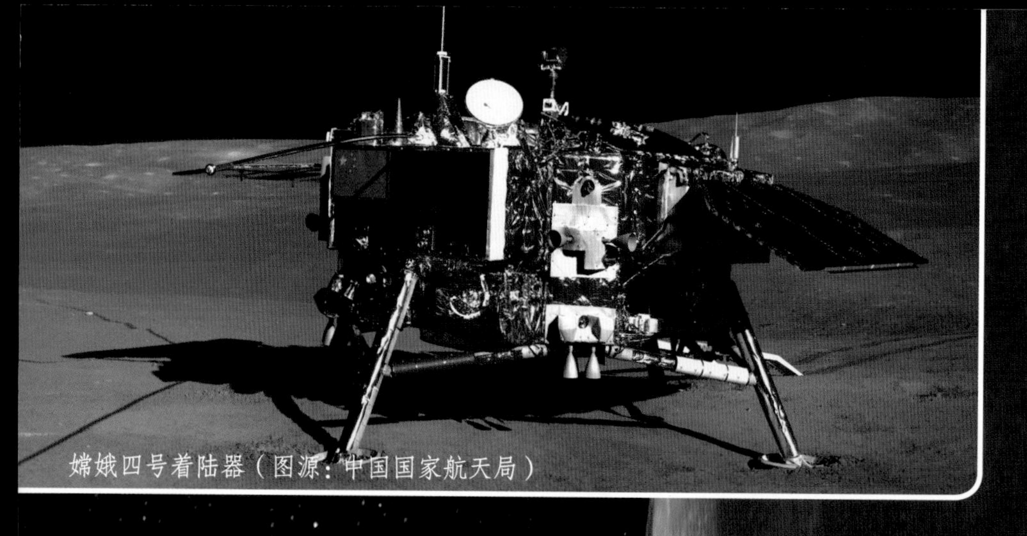
嫦娥四号着陆器（图源：中国国家航天局）

拥抱月球

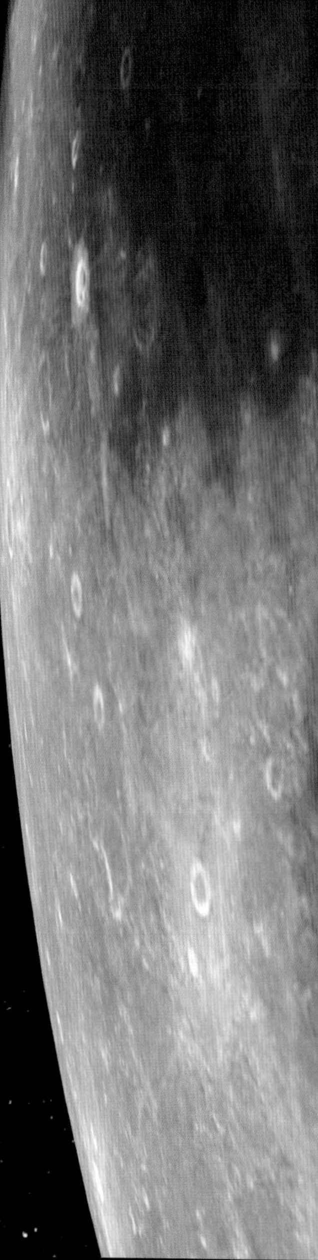

透过望远镜，人类已经清晰地发现，月球上的“海”是广阔的平原和低地，月球上的环形山是火山口或陨石撞击出的大坑。人类可不想只是欣赏和观测，更渴望登上月球、开发月球。于是，在人造地球卫星升空后不久，1959 年 1 月，人类的第一颗月球探测器——苏联的月球 1 号就出发了。此后，有 130 多颗探测器到访月球。1969 年 7 月 20 日，人类实现了载人登月的壮举。从 2007 年开始，中国的嫦娥探月小分队的成员陆续奔赴月球，获得 7 米分辨率的全月图，还在月面开展巡视考察并进行天文观测，更把无比珍贵的月球岩石和月壤样品送回了地球，供科学家研究。现在，嫦娥六号、七号和八号整装待发，它们将为国际月球科研基地打基础！

美国月球大气与粉尘环境探测器（图源：NASA）

触摸太阳

在太阳系中，太阳的质量占99.86%，它巨大的引力迫使整个行星系统都围着它运行。要想脱离既定的轨道并到达太阳，需要巨大的能量，是去火星所需能量的55倍。太阳探测器摆脱地球引力后，

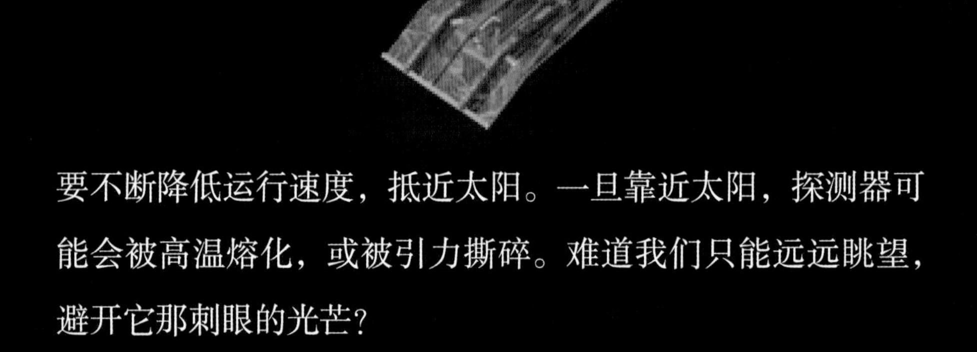

要不断降低运行速度，抵近太阳。一旦靠近太阳，探测器可能会被高温熔化，或被引力撕碎。难道我们只能远远眺望，避开它那刺眼的光芒？

当然不！经过两年的变轨变速，2021 年 4 月，美国帕克号太阳探测器掠过了太阳的日冕，触摸到了太阳的大气层！当时的环境温度高达 93 万℃，帕克号不怕被烫伤吗？别担心，科学家为它装备了可靠的防护盾。我们就放心地等着帕克号和它的伙伴们破解太阳的更多秘密吧！

（图源：NASA）

水星有水吗？

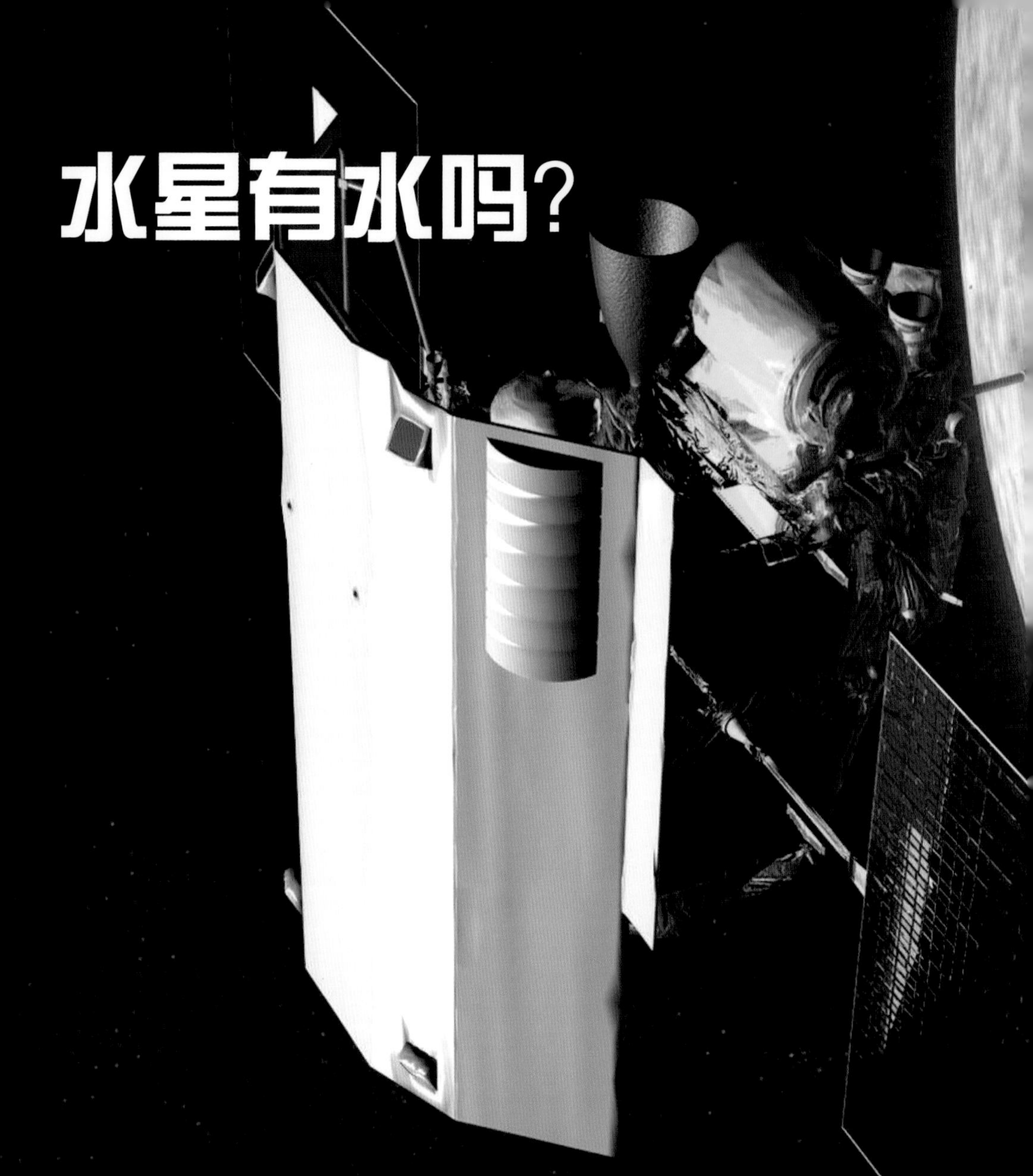

水星是离太阳最近的行星。既然这样，那探测器去水星不就很容易吗？冲着太阳飞过去就好了呀！实际上可没这么简单。首先，就像前面提到的那样，太阳的引力非常大，探测器要非常小心，别被它一口吞下。其次，如果直接飞向水星，探测器需要背上很多燃料，多到运载火箭的力量都不够帮它飞出地球。

所以，科学家必须为探测器精心规划飞行路线，多次借助地球和金星的引力飞向水星。这样一来，探测器的飞行路线就不是笔直的，而是绕弯的。

2004 年，信使号出发了。经过 6 年半长达 70 多亿千米的飞行，它终于安全抵达了水星。在接下来的 4 年里，信使号环绕水星运行了 3 308 圈，对水星进行了详细探测，传回了 25 万多张图片，帮助我们掌握了水星的很多基本情况。比如，它的密度、内部结构、形成历史和大气等。同时，也有一些惊人而有趣的发现。比如，虽然水星表面被太阳照射时温度很高，但在一些隐秘的阴影区却藏着冰！原来，水星真的有“水”！

（图源：NASA）

金星有金子吗？

金星的个头比地球稍微小一点。虽然是离地球最近的行星，但金星的大气层非常浓厚，密度是地球大气层的 100 倍。所以，我们需要探测器帮忙，才能透过厚厚的“面纱”看清金星的真面目。

1978 年 8 月 8 日，先驱号探测器出发了。它由 5 部分组成：主航天器、大探测器和 3 个小探测器。11 月 16 日，在环绕金星的轨道上，“五兄弟”依依惜别，勇敢地踏上了各自的冒险之路。大探测器打开降落伞，仔细探测金星大气的成分；3 个小探测器没有降落伞，分别在不同时间降落在金星的不同地点；主航天器继续环绕金星运行，接收“弟弟们”传回的探测数据，同时也进行了探测工作。

先驱号“五兄弟”的探测成果告诉我们，金星的大气充满了二氧化碳，还有少量硫酸，金星表面的温度能让铅和锌熔化。在这地狱般的环境里，有没有金子就不重要了……

（图源：NASA）

火星探险队

在太阳系的所有行星中，火星在构造和环境等很多方面与地球最相似，尤其是它俩“年轻的时候”。如今，火星和地球越来越不像了。比如，它的大气层变薄了，环境变得干冷了。为什么会这样？未来

美国奥德赛火星探测器（图源：NASA）

欧洲航天局火星快车号（图源：ESA）

又会怎样？就在你读这本书的时候，正有 8 颗探测器环绕火星运行着；在火星表面，有 3 辆火星车和 1 架小巧的直

欧洲航天局火星生命探测计划探测器（图源：NASA）

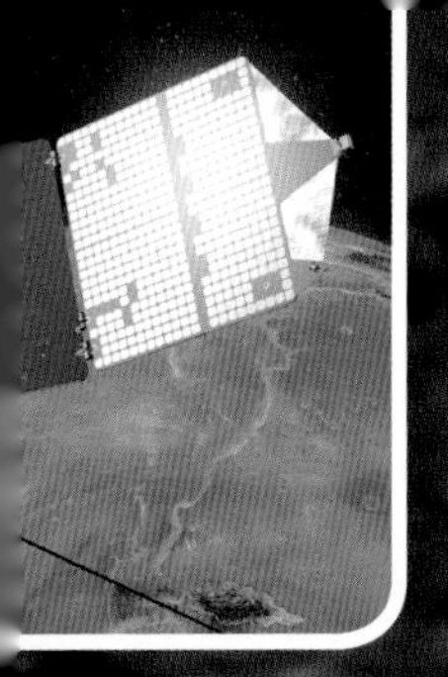

美国火星大气与挥发物演化任务探测器（图源：NASA）

中国天问一号探测器（图源：中国国家航天局）

升机忙碌着。这其中，就有中国的天问一号探测器和祝融号火星车。几年后，探测器就会把火星样品送回来了！关于火星探险队的故事有很多，推荐大家读一读《这就是火星》。

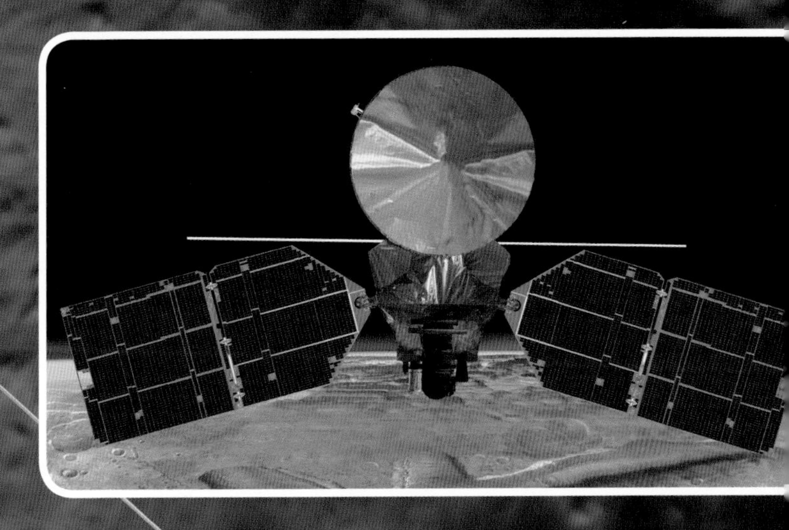

美国火星勘测轨道器（图源：NASA）

探秘小行星

小行星迪莫弗斯
（图源：NASA）

截至 2021 年底，天文学家已经确定发现了 100 多万颗小行星。小行星是太阳系中质量比行星小很多，但又不是彗星的天体，主要分布在火星和木星之间的小行星带主带里。此外，还有少量被木星引力吸引过去的特洛伊小行星，以及轨道接近地球轨道的近地小行星。

天文学家认为，小行星是太阳系在形成过程中剩余的“建筑材料”。研究它们，可以帮我们了解太阳系的历史。已经有多颗探测器探测了小行星。日本的隼鸟 2 号不仅带回了岩石样品，还有珍贵的气体样品。在岩石样品里，科学家有很多惊喜的发现，比如液态水和20多种“生命之源”——氨基酸。2012年12月13日，中国嫦娥二号探测器与小行星图塔蒂斯擦身而过,最近距离只有3.2千米，成功实现了中国对小行星的首次飞越探测，还拍摄了照片。2022年9月26日，美国DART号探测器与小行星迪莫弗斯迎头相撞，人类第一次改变了太空中天体的运行轨道，世界首次小行星防御实验成功了！

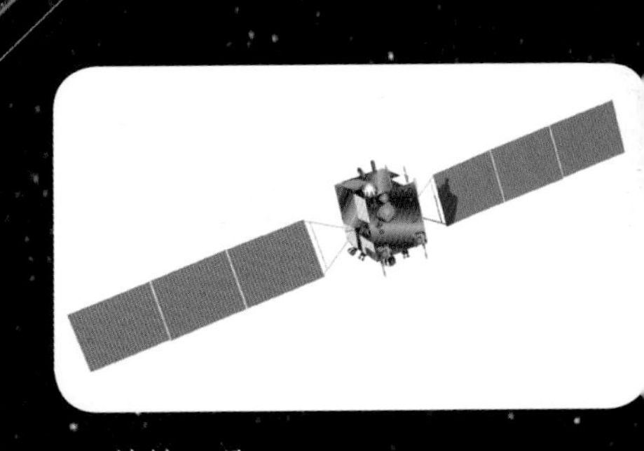

嫦娥二号
（图源：中国国家航天局）

DART号探测器
（图源：NASA）

小行星图塔蒂斯
（图源：中国国家航天局）

解密木星大红斑

朱诺号（图源：NASA）

木星是行星中的老大，能把 7 个“弟弟妹妹”都装进自己的胖肚子。木星也是肉眼可见的五大行星之一。从伽利略开始，天文学家用望远镜观测木星的细节，但直到太空时代，木星才被真正研究。第一颗飞过木星的探测器是先驱者 10 号。

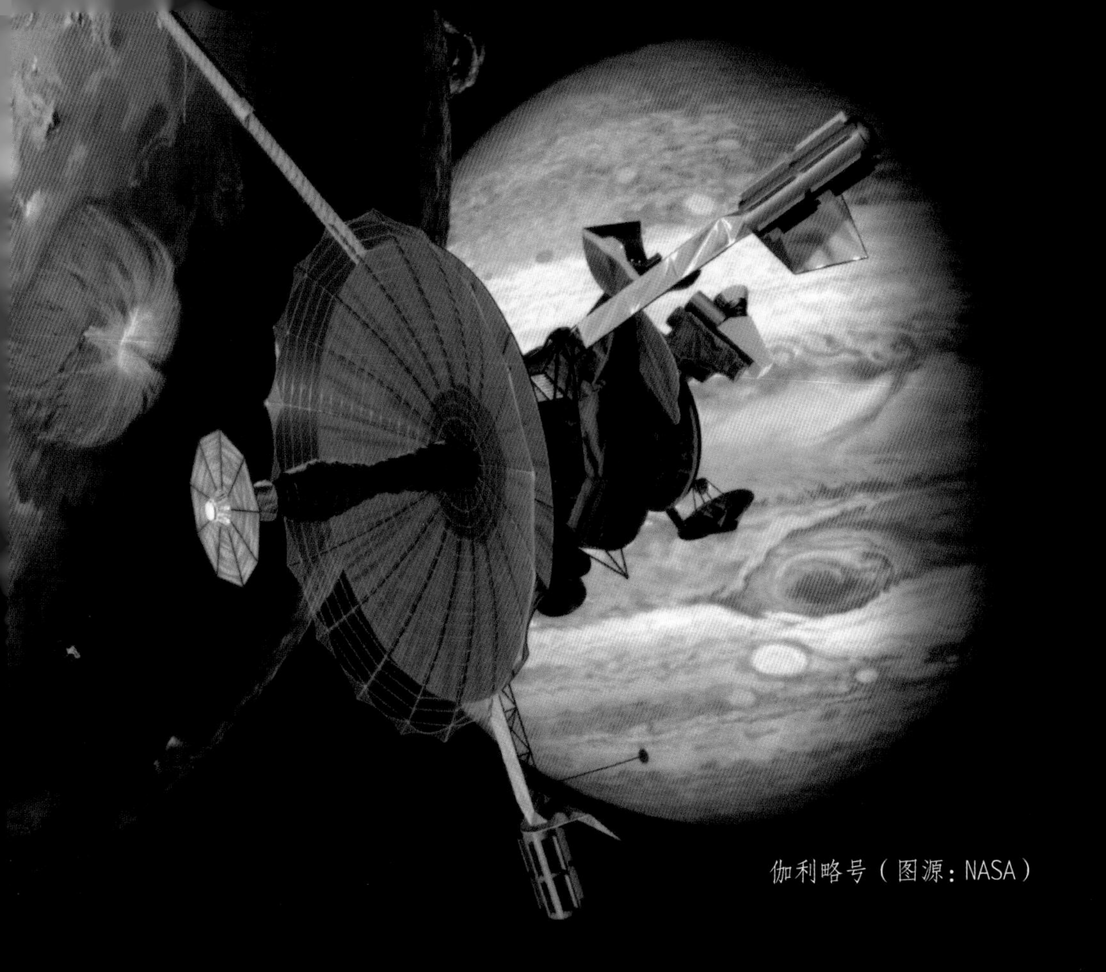

伽利略号（图源：NASA）

先驱者 10 号在 1973 年飞过木星，并发回木星近距离照片。1995 年，伽利略号进入环木轨道。它详细探测了木星和它的 4 颗卫星，破解了大红斑的秘密，原来它一个巨大的风暴旋涡。最后，伽利略号撞向木星，结束了使命。接替伽利略号的朱诺号利用更先进的设备，发现木星的磁场强度至少是地球的 10 倍以上，并进一步确定了木星大气中的水含量，以及木星引力场的结构。

现在，朱诺号已经“延迟退休”，它至少会工作到 2025 年 9 月！

解密土星大光环

几百年前，荷兰天文学家惠更斯发现了土卫六和土星光环，意大利天文学家卡西尼发现了土星的另外4颗卫星，他还发现土星光环竟然有裂缝！1997年，以这两位天文学家的名字命名的卡西尼－惠更斯号出发了。它实际上是两颗探测器的组合体，卡西尼

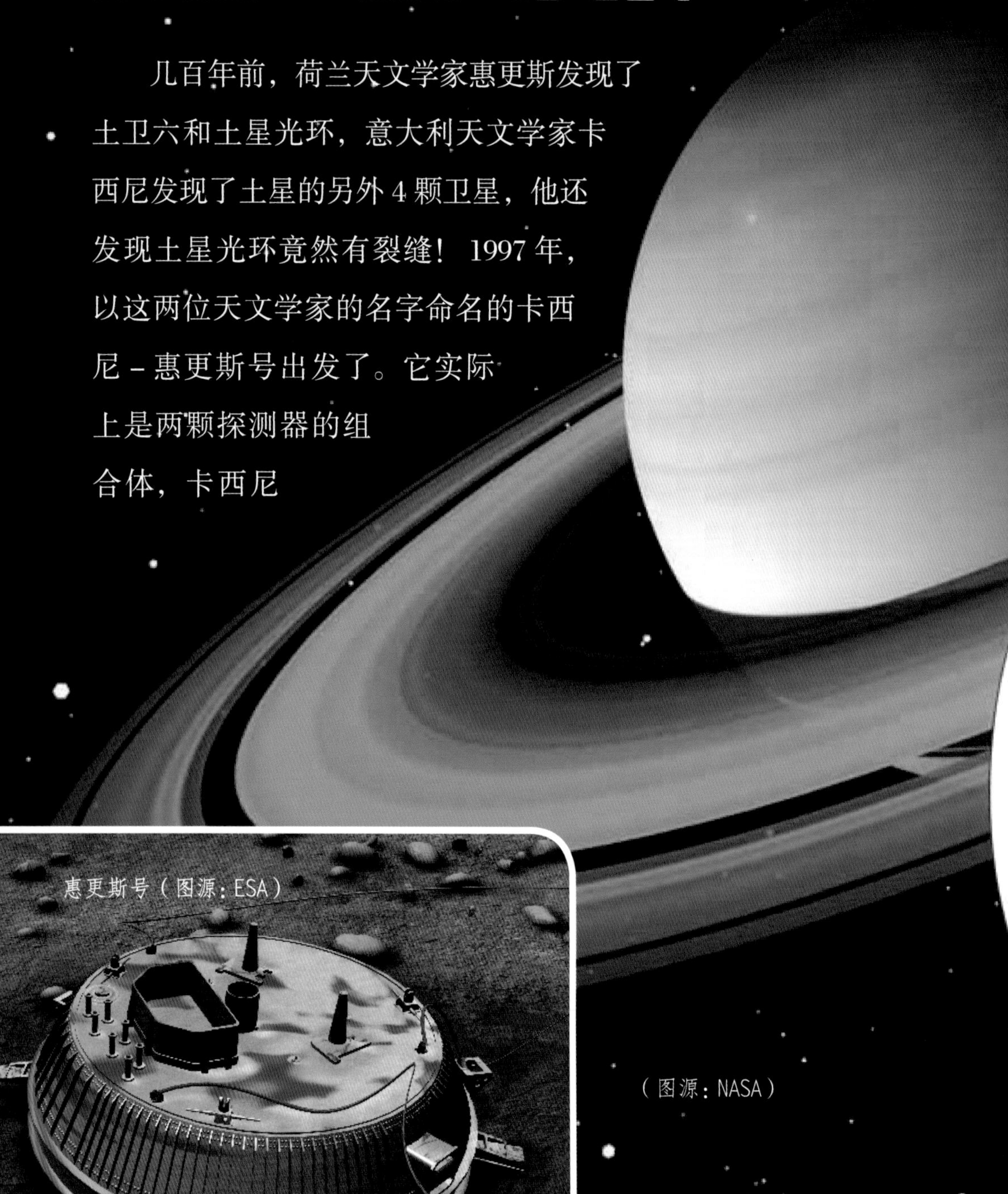

惠更斯号（图源：ESA）

（图源：NASA）

号环绕探测土星，惠更斯号登陆探测土卫六。它们在 2004 年 7 月抵达土星轨道，12 月 25 日分离。惠更斯号在 2005 年 1 月 14 日成功登陆土卫六，它传回的珍贵数据帮助我们深入了解了土卫六，它和 40 亿年前的地球很像，可能有形成生命的条件。而卡西尼号则留在木星附近的轨道上，兢兢业业地工作了 13 年，它不仅环绕土星飞行了 294 圈，还仔细探测了土星的多颗卫星。卡西尼号取得了很多惊人的发现，比如，土星光环大部分是冰构成的，土卫二上有冰喷泉……

太阳系的新视野

1977 年，双胞胎探测器旅行者 1 号和 2 号出发了。旅行者 1 号重点探访了木星和土星，旅行者 2 号则探访了外太阳系的全部 4 颗行星，揭开了天王星和海王星这两颗冰巨星的神秘面纱。

2006 年，新视野号出发了。虽然它是人类发射的速度最快的探测器之一，但也足足用了 9 年时间才飞到冥

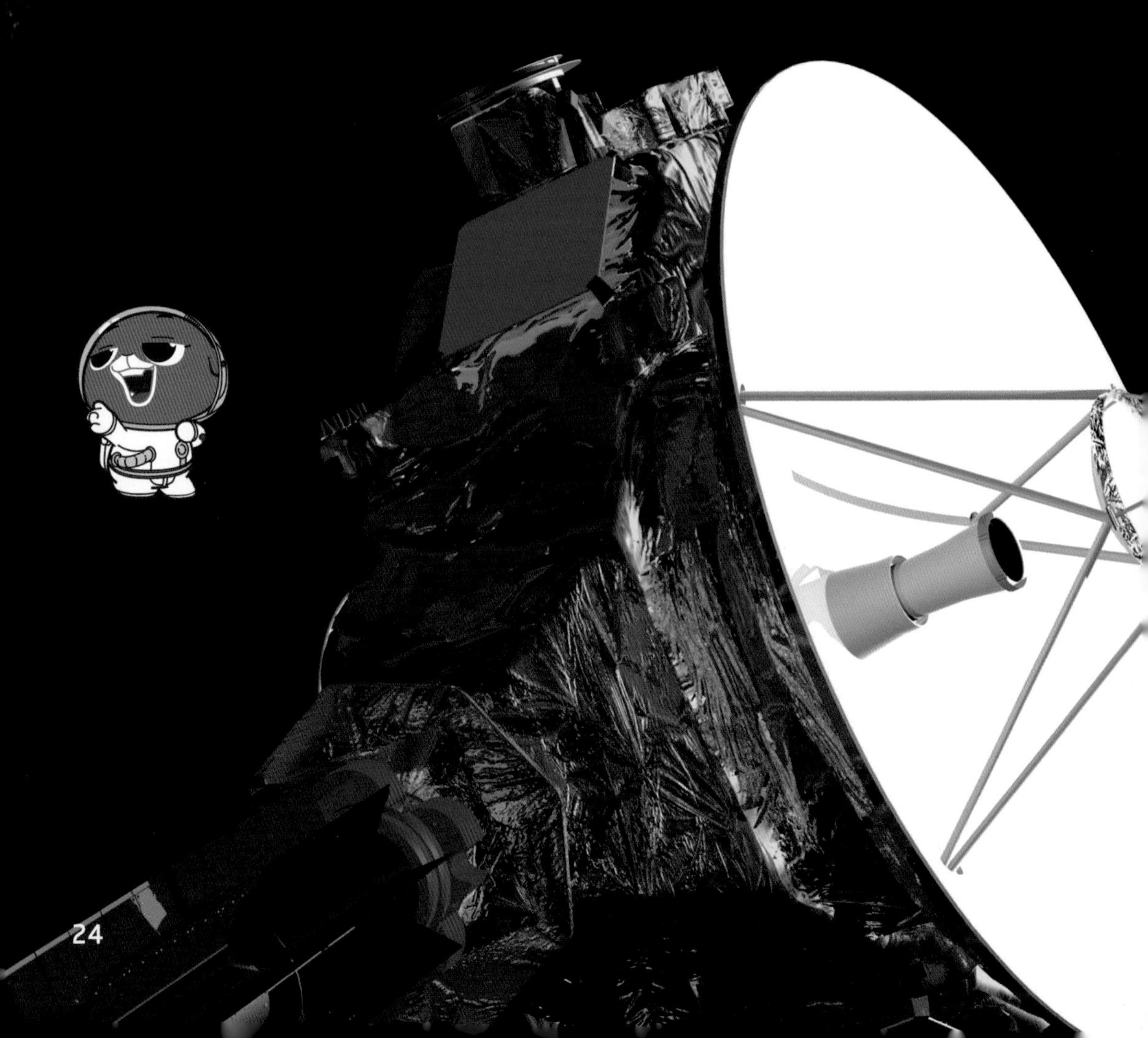

王星身边，帮我们看清了它的真面目。大家惊喜地发现，这颗矮行星上的一个斑块好像一颗爱心呀！2019 年，新视野号对 MU69 号小行星进行了探测，它成为被人类探测过的最遥远的天体。此时此刻，新视野号仍在坚定前行，让我们期待它打开宇宙科学的新视野吧！

（图源：NASA）

MU69 号小行星（图源：NASA）

追逐彗星

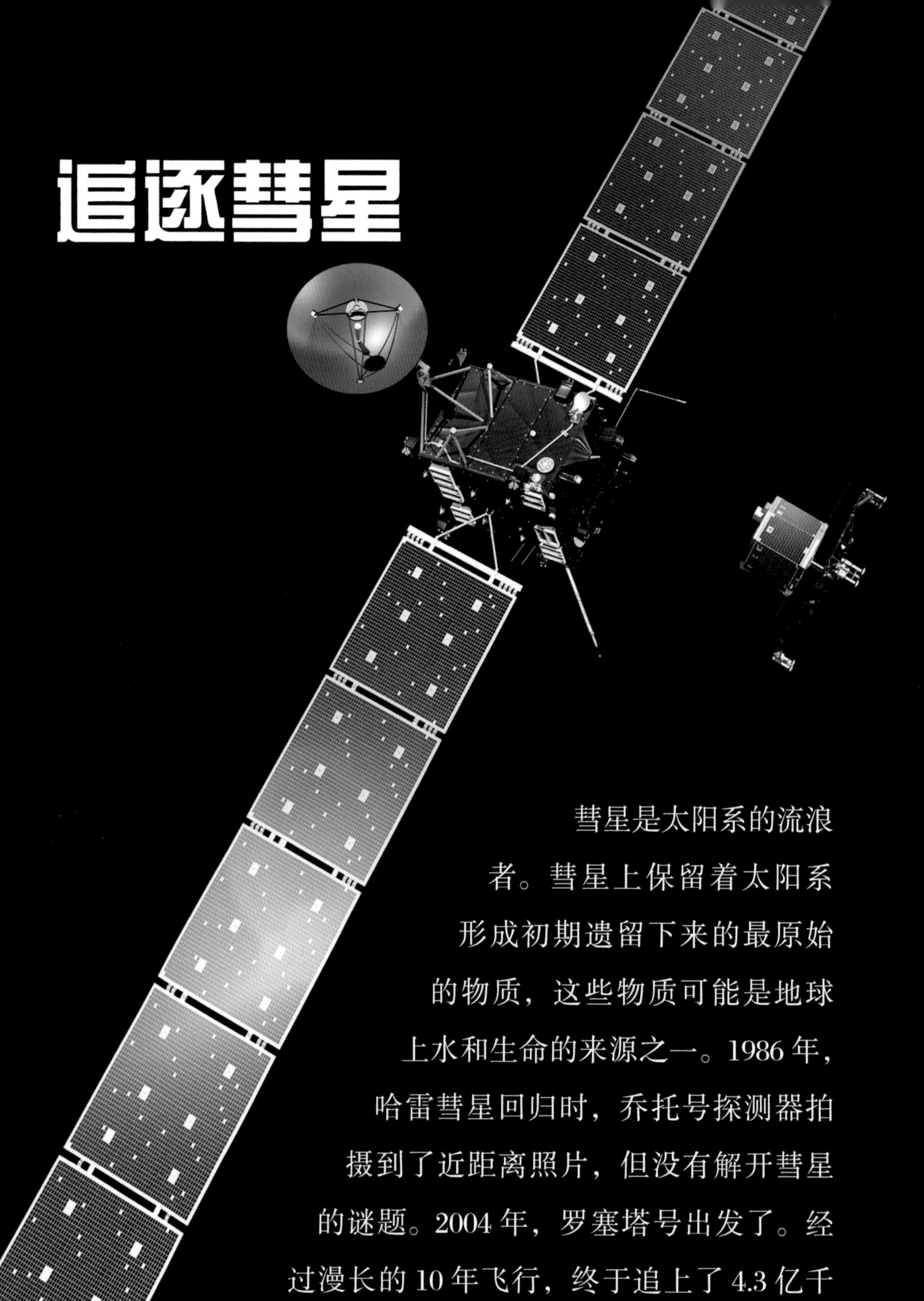

彗星是太阳系的流浪者。彗星上保留着太阳系形成初期遗留下来的最原始的物质，这些物质可能是地球上水和生命的来源之一。1986 年，哈雷彗星回归时，乔托号探测器拍摄到了近距离照片，但没有解开彗星的谜题。2004 年，罗塞塔号出发了。经过漫长的 10 年飞行，终于追上了 4.3 亿千米外的 P67 彗星。然后，罗塞塔号释放出小

小的菲莱号，让它降落在 P67 上进行探测，并接收数据。接下来，罗塞塔号陪伴 P67 飞行了两年，进行了全方位探测，极大地提升了人类对彗星的认知。最终,罗塞塔号撞向 P67,结束了自己的“追星之旅”。

（图源：NASA）

飞出太阳系

太阳系的边界在哪里？有天文学家认为，海王星的轨道就是太阳系的边界；有天文学家认为，把太阳风能吹到的最远处（也就是日球层）算作太阳系的边界更合理。那里离太阳有多远呢？如果按千米算，数字实在太大了。为了方便计算，在天文学上，把地球和太阳之间的平均距离定义为 1 个天文单位（约 1.49 亿千米）。这样算来，太阳系的半径就大约是 100 个天文单位。哇，这是多么遥远的距离啊！

旅行者 1 号和金唱片

那么，有没有探测器能飞这么远的距离呢？有！就是我们前面已经认识的旅行者 1 号和 2 号。2012 年 8 月 25 日，旅行者 1 号飞出了日球层，进入了星际空间。6 年后，旅行者 2 号也成功了。如今，旅行者 1 号已经飞到了 150 个天文单位以外。

不过，还有天文学家认为，奥尔特云才是太阳系的边界。那里离太阳大约有 20 万个天文单位！旅行者 1 号要飞到那里，还需要再飞 300 年……（告诉你个小秘密，旅行者 1 号带着一张金唱片，上面有人类对外星文明的问候。）

旅行者2号

（图源：NASA）

飞向未来

知识的海洋像宇宙一样浩瀚无边，人类的好奇心同样没有止境。随着技术的进步和知识的积累，越来越多空间探测器将越飞越远。它们中间的很多成员，将从中国出发。在未来几年，嫦娥六号、七号和八号将相继奔赴月球，为国际月球科研站的建设做准备；天问二号预计 2025 年出发，登陆小行星，取样返回；天问三号预计 2028 年出发，去火星取样返回；天问四号预计 2030 年出发，飞向木星。除了行星和小行星，太阳也是中国探测器的重要目标，它们将从不同视角和距离观测太阳，解决重大的科学和应用问题。

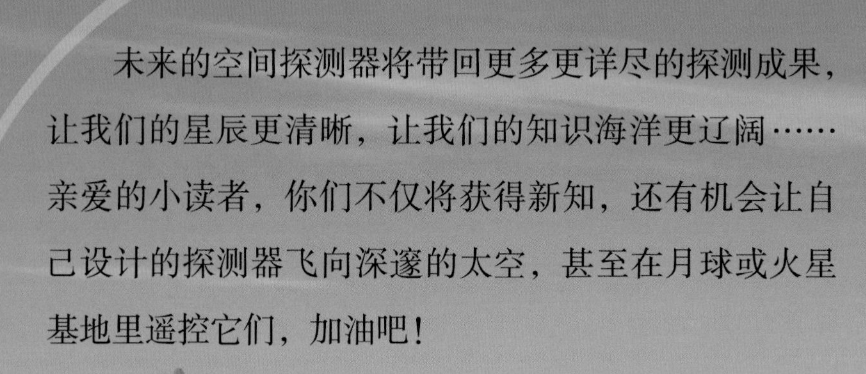

未来的空间探测器将带回更多更详尽的探测成果，让我们的星辰更清晰，让我们的知识海洋更辽阔……亲爱的小读者，你们不仅将获得新知，还有机会让自己设计的探测器飞向深邃的太空，甚至在月球或火星基地里遥控它们，加油吧！

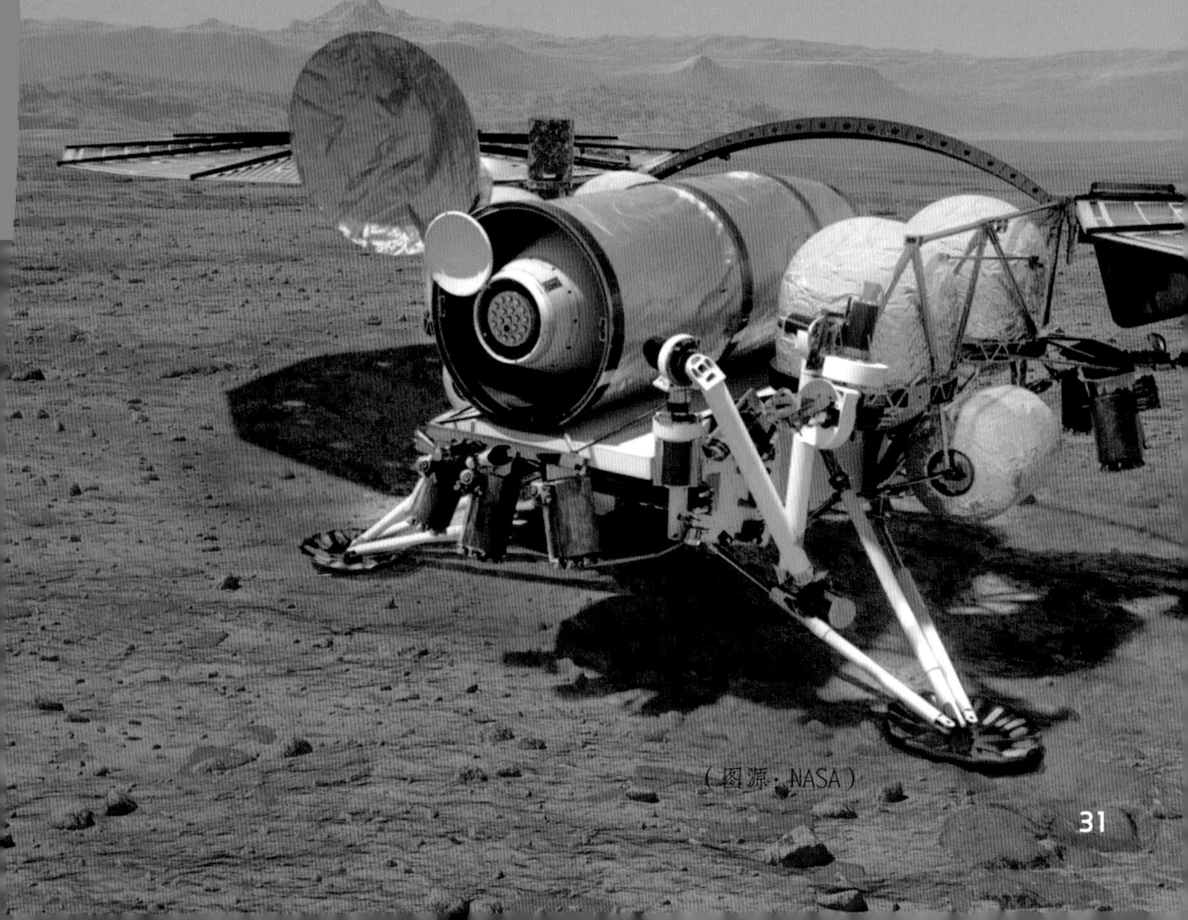

（图源：NASA）

这些问题的答案都在书里哦！

1. 人类的第一颗人造地球卫星是哪一年飞进太空的？

2. 中国的第一颗人造地球卫星叫什么？

3. 中国的月球探测器叫什么？

4. 中国的月球车叫什么？

5. 哪颗探测器帮人类触摸到了太阳？

6. 信使号探测器在水星的阴影区发现了冰还是水？

7. 先驱号探测器携带着好几个小探测器，对吗？

8. 现在，有几辆火星车在火星表面工作？

9. 正在环绕木星工作的探测器叫什么？

10. 已经飞出太阳系的探测器叫什么？